AF370965

MÉMOIRE

SUR DIVERS

MINÉRAUX CHINOIS

APPARTENANT

A LA COLLECTION DU JARDIN DU ROI,

PAR M. ÉD. BIOT.

MÉMOIRE

SUR DIVERS

MINÉRAUX CHINOIS

APPARTENANT

A LA COLLECTION DU JARDIN DU ROI.

La minéralogie de la Chine est jusqu'ici fort peu connue; quelques renseignements sur ce sujet intéressant se trouvent épars dans les mémoires des missionnaires, dans l'*Atlas sinensis* de Martini, qui a beaucoup emprunté au *Kouang-yu-ki*, et dans la Description générale de la Chine par Duhalde qui, à cet égard, n'a fait qu'abréger le texte de Martini. Plus récemment les savants attachés aux ambassades anglaises des lords Macartney et Amherst y ont ajouté quelques observations rapidement faites sur la route dont ils ne pouvaient s'écarter : on les trouve réunies dans les relations de Barrow, de Staunton, d'Abel, et dans le troisème volume de la compilation sur la Chine qui fait partie de l'*Edinburgh Cabinet Library*. Depuis quelques années plusieurs jeunes missionnaires sont partis pour la Chine après avoir fait une étude spéciale des sciences naturelles. L'un d'eux, M. Caderill, a adressé, en 1836, à M. Constant

Prevôt, une note sur la géologie des environs de Macao, avec divers minéraux de cette partie de la Chine. Cette note intéressante a été insérée dans le Bulletin de la Société géologique (année 1836), et M. Callery y promet d'envoyer ses observations sur l'intérieur de la Chine où il allait pénétrer. Mais de nouveaux périls menacent ces courageux apôtres. La persécution s'est ranimée autour de la capitale et dans le Fo-kien, et l'on peut seulement faire des vœux pour la conservation d'existences ainsi dévouées à la fois au perfectionnement moral de l'humanité et aux progrès de la science.

On sait que trois kiven spéciaux du *Pen-tsao-kang-mou* traitent des minéraux rangés suivant diverses dénominations. L'Encyclopédie japonaise a reproduit les principaux articles de ces trois kiven dans ses livres LIX, LX, LXI, et l'éditeur a joint des notes aux textes du *Pen-tsao;* en outre, des figures ont été placées en tête de chaque article. Les indications ainsi données font connaître aisément plusieurs des minéraux cités : mais, souvent aussi, ces indications sont trop vagues et trop incertaines : souvent elles se bornent à des propriétés médicales ou fabuleuses, comme cela devait être chez un peuple complétement étranger à toute idée théorique. Quant aux figures, elles sont généralement trop peu correctes pour pouvoir être d'un secours réel.

L'identification de ces minéraux avec les espèces connues a été entreprise par M. Abel-Rémusat dans son vaste catalogue de l'Encyclopédie japonaise, et la table qu'il a dressée avec sa sagacité habituelle est très-utile à consulter. Cependant son travail présente quelques erreurs et incertitudes dont on peut maintenant faire disparaître une partie à l'aide d'un nouveau secours que je dois à l'extrême complaisance de M. Alexandre Brongniart.

La galerie minéralogique du Jardin du roi possède depuis fort longtemps environ quatre-vingts échantillons de minéraux de Chine, renfermés dans des bocaux ou boîtes avec des étiquettes portant leurs noms chinois, écrits tantôt en caractères chinois, tantôt simplement en caractères romains. L'époque où ces minéraux ont été déposés dans cette collection n'est pas parfaitement certaine; cependant M. Ad. de Jussieu dont la famille s'est perpétuée dans l'administration du Jardin du roi, présume qu'ils ont été rapportés ou envoyés à son grand-père par un médecin du dernier siècle nommé Vandermonde, qui se rendit en 1720 à Macao, y exerça la médecine pendant dix années, et revint en France vers 1731. Ce Vandermonde, dont on peut lire l'article dans la Biographie universelle publiée par Michaud, a laissé un extrait manuscrit de la partie minéralogique et botanique du Pen-tsao. Les noms placés dans les bocaux se retrouvent dans cette partie du Pen-tsao, comme dans l'extrait que M. de Jussieu a bien voulu mettre à ma disposition et dont j'ai pris copie. Il est donc probable que ces quatre-vingts échantillons étaient annexés comme pièces de vérification au manuscrit de Vandermonde.

M. Alexandre Brongniart a consacré plusieurs séances à identifier ces quatre-vingts échantillons avec les espèces connues. J'ai assisté à ce travail. J'ai noté ses déterminations ainsi que les titres des étiquettes que j'ai pu déchiffrer; je les ai rapprochés des noms de l'Encyclopédie et des déterminations données par M. Rémusat, et j'ai reconnu que ce savant avait connu cette collection imparfaitement identifiée. Les déterminations de M. Brongniart, rapprochées des noms de l'Encyclopédie japonaise, me paraissent utiles à publier pour rectifier la table de M. Rémusat. Je n'ai pas pu me servir, dans le même dessein, des échantillons de M. Callery, car aucune étiquette chinoise n'y est jointe. M. Constant Prevôt, averti par M. Stanislas Julien, a depuis écrit à M. Callery de joindre aux échantillons qu'il pouvait adresser, leurs noms chinois; mais aucun nouvel envoi n'a été adressé jusqu'ici par ce zélé missionnaire.

Je vais rapporter les noms des espèces minérales reconnues par M. Brongniart, et je joindrai à chacune les noms chinois indiqués par les étiquettes. Je noterai à côté la page du kiven ou livre de l'Encyclopédie japonaise où se lisent ces mêmes noms, et au moyen de cette indication on retrouvera facilement les articles correspondants dans les diverses éditions du Pen-tsao. Je donnerai un extrait du texte lorsqu'il pourra offrir quelque intérêt.

Chaque bocal examiné a reçu un numéro; mais comme ces numéros ne suivent pas un classement

scientifique, et qu'ils seront nécessairement changés,
je crois inutile de les rappeler.

Deux bocaux contiennent des échantillons de
cristal de roche. Le premier est un quartz hyalin
limpide. L'étiquette qui s'y trouve jointe porte :
Pe-chy-yng ou cristal blanc. Ce même nom se lit
page 7 *v.* livre LX de l'Encyclopédie japonaise. Le
texte cité du Pen-tsao dit que les morceaux précieux
de cette espèce de pierre sont longs de deux à trois
tsun (six à neuf centimètres), qu'ils ont six faces, et
que si on frotte leur surface, elle paraît limpide et
brillante. La figure jointe au texte représente des
prismes à section hexagonale. L'un d'eux est terminé
par des plans perpendiculaires à l'axe; un autre se
termine par deux pyramides à six pans. Le texte ne
dit pas que l'on s'en serve pour faire des lunettes
ou besicles comme on en trouve à Canton et dans
les autres villes chinoises. L'éditeur japonais cite
cet emploi du cristal de roche à l'article *Choui-tsing*,
nom qui désigne le cristal de roche limpide, et il
dit également à l'article *Siao-tseu*, verre, qu'on fait
avec cette matière des *Yen-king* ou lunettes aussi
bonnes que celles de *Choui-tsing*. L'édition japonaise
est de 1715[1]. Le second échantillon est un quartz

[1] La collection de Fourmont présente, sous le n° 349, un traité
sur les lunettes d'approche ou télescopes, désignées par le nom de
Youen-king, lequel est daté de l'an 1626 (sixième de l'empereur
Thien-ky des Ming), et porte le nom chinois du père Adam Schall.
Ce traité contient une théorie des lentilles, et des détails sur la
manière de tailler les verres. La date de cet ouvrage me semble
bonne à rappeler, pour expliquer comment Jupiter se trouve re-

(8)

hyalin enfumé (*Minéralogie* de Brongniart, tome Ier,
page 280). Le bocal contient l'étiquette *Tse-chy-yng*
ou cristal bleuâtre. Ce même nom se lit page 7 *v.*
livre LX de l'Encyclopédie japonaise. Le texte du
Pen-tsao dit que ces pierres sont de diverses dimen-
sions, toutes à cinq angles et à deux extrémités en
fer de flèche. Cependant un des morceaux repré-
sentés dans la figure est de forme hexagonale, et il
faut très-vraisemblablement lire six angles au lieu
de cinq angles. La forme la plus ordinaire du quartz
cristallisé est en effet celle d'un prisme à six pans,
et ces prismes sont terminés de chaque côté par
une pyramide à six faces (*Minéralogie* de Brongniart,
tome Ier, page 272). Cette forme est exactement
celle d'une des pierres *pe-chy-yng* représentées dans
la figure de l'article précédent (*Encyclopédie japonaise*, livre LX, page 7 *v.*).

A l'article *Tse-chy-yng*, le texte du Pen-tsao rapporte que cette pierre, plongée dans l'eau chaude,

présenté avec deux satellites au livre Ier de l'Encyclopédie japonaise. Cette figure et la note explicative de l'Encyclopédie ont été
reproduites pour la première fois par M. Libri, dans son Histoire
des sciences mathémathiques en Italie, note 8, tome Ier; elles ne
se trouvent pas dans la première édition chinoise du *San-thsai-thou-
hoey*. Il me semble donc très-vraisemblable que les Japonais, en
rapport continuel avec les Chinois, ont pu avoir connaissance de
l'ouvrage d'Adam Schall, et profiter des instructions qu'il renferme
pour construire ou se procurer des lunettes au moyen de leurs
relations commerciales avec les Hollandais. D'après le savant voya-
geur M. Siébold, les Japonais savent actuellement fabriquer et em-
ployer plusieurs de nos instruments de précision, ce que ne font pas
les Chinois.

perd son éclat, qu'elle est semblable au cristal de roche (*Choui-tsing*), que seulement sa couleur est bleuâtre. L'auteur japonais dit en note que ce nom de *Tse-chy-yng* est donné à beaucoup de pierres dont la forme n'est pas semblable à celle que décrit le Pen-tsao; elles ont seulement toutes la couleur bleuâtre.

M. Rémusat a traduit, dans sa table, *Pe-chy-yng* par cristal de roche, ce qui est exact. Il a traduit *Tse-chy-yng* par améthyste. L'améthyste est un quartz coloré en bleu; on peut ajouter : « et quartz hyalin enfumé. »

Il y a quatre échantillons qui se rapportent aux espèces dites amphibole actinote et grammatite fibreuse. Le premier est l'amphibole actinote; il est joint à l'étiquette *Yn-tsing-chy*, pierre curieuse du principe inerte; ce nom se lit (*Encyclopédie jap.* 1. LXI, page 31) parmi les noms en petits caractères. Le second a l'étiquette *Yang-ky-chy*, pierre *Yang-ky;* ce nom se lit (*Encyclopédie japonaise*, liv. LXI, p. 18 v.). Le troisième a l'étiquette *Pe-yang-chy*, pierre de mouton blanc; ce nom se lit (*Encyclopédie japonaise*, livre LXI, p. 18 v.) parmi les noms en petits caractères. Le quatrième a l'étiquette *Yang-ky-chy*, comme le second échantillon.

Les second et troisième échantillons sont identiques. Ils correspondent à l'espèce appelée wollastonite. Dans la table de M. Rémusat, on lit zéolithe pour l'article correspondant à la désignation *Yang-ki-chy*. Dans cet article, le Pen-tsao dit que cette pierre *Yang-ky* se trouve sur une montagne nommée *Yang-ky* dans le district de *Tsy-tcheou*, et que de là vient son nom. La figure représente des lames de forme triangulaire superposées irrégulièrement. Le texte du Pen-tsao ne rapporte, en outre, que des fables sur la manière dont se forme cette pierre, et dit que, d'après la croyance générale, la pierre *Yang-ky* est le principe de la substance dite *Yun-mou* ou mère des nuages. Je parlerai plus loin de ce terme qui désigne le talc ou le mica.

Le nom *Yn-tsing-chy* de l'étiquette du premier échantillon se trouve placé dans l'Encyclopédie japonaise à l'article *Hien-tsing-chy*, pierre curieuse noirâtre. La figure représente des cristaux de forme hexagonale, dont deux côtés sont plus longs que les autres. Suivant le texte du Pen-tsao, cette pierre se tire de *Kiai-tcheou* (Chan-sy); sa forme est semblable à celle d'une écaille de tortue, et sa couleur verte. Si on la frappe, elle se divise en fragments semblables à ceux d'un miroir, et ayant tous six angles, comme des feuilles de saule. Si on la chauffe fortement, elle se divise en plaques semblables à des feuilles de saule et blanches comme la neige. Ces indications me semblent pouvoir faire présumer que le texte parle de bérils. Il ajoute : Celles dont on se sert maintenant proviennent de *Kiang-tcheou* (Chan-sy), ce sont des pierres rouges et non des pierres noirâtres. D'après cette indication de couleur rouge, celles-ci sont peut-être des corindons.

Neuf échantillons se rapportent à l'espèce des

stéatites, laquelle paraît comprendre les divers minéraux appelés par les Chinois *graisse de pierre*.

Le premier échantillon est une stéatite blanche.

Le second est une stéatite nuancée de rosâtre et de violet. Il a pour étiquette *Kan-chy-tchy*, graisse de pierre bleuâtre.

Un troisième est une stéatite rougeâtre terreuse. Il a pour étiquette *Kouang-chy-tchy*, c'est-à-dire graisse de pierre .... Le premier caractère n'est pas bien lisible. Littéralement, il signifie *large*, et indique très-probablement que cet échantillon provient de la province de *Kouang-tong* ou de celle de *Kouang-sy*.

Un quatrième échantillon est une stéatite rosâtre. Il a pour étiquette *Tchy-chy-tchy*, graisse de pierre rouge. Ce nom se lit à la page 9 *v.* du livre LXI de l'Encyclopédie japonaise. Le texte cité du Pen-tsao dit qu'il y a des graisses de pierre de cinq couleurs différentes; il cite l'espèce rouge et l'espèce blanche comme les principales. Celles-ci sont employées pour luter les joints des vases qui se placent sur le feu. Les autres espèces, bleue, jaune, noire, ne sont pas aussi bonnes.

M. Rémusat a écrit : graisse de pierre à l'article *Tchy-chy-tchy;* il faut lire : stéatite rosâtre et autres.

Le cinquième échantillon est une stéatite blanche, un peu onctueuse, semblable au carbonate de magnésie. Il a pour étiquette *Kouang-sy-hoa-chy*, pierre onctueuse du *Kouang-sy*.

Le sixième échantillon est une stéatite blanche

très-onctèuse. Il a pour étiquette *Sse-tchuen-hoa-chy*, pierre ontueuse du *Sse-tchuen*.

Ce nom de *Hoa-chi* (Basile, 5164) se lit à la page 8, liv. LXI de l'Encyclopédie japonaise. Le Pen-tsao cité par l'Encyclopédie, dit que l'*Hoa-chy* ou la pierre oncteuse se tire principalement du département de *Kouey-lin*, capitale du *Kouang-sy*, et qu'elle sert à peindre les maisons et à nettoyer le papier. L'éditeur japonais l'indique comme utile pour enlever les taches d'huile comme notre craie de Briançon. D'après les observations du célèbre missionnaire d'Entrecolles, rapportées au tome II de Duhalde, pages 180 et 181, cette pierre onctueuse, dite *Hoa-chy*, est très-employée par les Chinois dans la fabrication de la porcelaine, et remplace le *Kaolin*. Cette application est récente, d'après le P. d'Entrecolles, et ceci explique comment elle n'est mentionnée ni dans le texte du *Pen-tsao*, ni dans la petite Encyclopédie pratique intitulée *Tien-kong-kay-we*. La stéatite de Cornouailles, qui contient $14\frac{0}{0}$ d'alumine, est employée à Worcester dans la fabrication de la porcelaine (*Minéralogie* de Brongniart, tome Ier, page 497). Les échantillons du Jardin du roi montrant que la pierre *Hoa-chi* est bien une stéatite, il me semble qu'il serait utile de les analyser, et de tenter de nouveaux essais des stéatites dans la fabrication de la porcelaine.

M. Rémusat a traduit, dans sa table, *Hoa-chy* par *sorte de craie*. Il faut lire : stéatite.

Les septième et huitième échantillons sont des

stéatites rosâtres, sans étiquette. Ce sont évidemment des *Tchy-chy-tchy*.

Le dernier est une pagodite isabelle avec l'étiquette *Tao-hoa-chi*, pierre fleur de pêcher.

Il y a deux échantillons d'argiles bolaires qui doivent suivre les stéatites. Le premier est une argile bolaire rougeâtre. Il a pour étiquette *Ou-sse-chy-tchy*, graisse de pierre à cinq couleurs, avec l'indication qu'il provient du *Sse-tchuen*. Le second est une argile bolaire, rougeâtre et tendre. Il a la même étiquette que le précédent avec l'indication qu'il provient du *Kouang-sy*.

Ce nom de graisse de pierre à cinq couleurs se rapporte évidemment à l'article de la page 9 *v.* livre LXI, *Encyclopédie japonaise*.

Il y a sept échantillons de mica. L'un est du mica argentin. L'étiquette porte les caractères *Thong-hong-chy*, littéralement, pierre de mine de cuivre. Un second est du mica à grandes lames, talqueux, verdâtre. L'étiquette porte les caractères *Fang-houang-chi*, littéralement, pierre brillante et lâche. Un troisième est du mica métalloïde laminaire avec l'étiquette *Tsing-mong-chi*, pierre de minerai bleuâtre. Un quatrième est du mica pailleté, bronzé, avec l'étiquette *Kin-mong-chi*, pierre de minerai d'or, et un cinquième est du mica pailleté jaune doré, avec l'étiquette *Kin-sing-chi*, pierre aux étoiles d'or.

Cette dernière dénomination se lit à la page 25 du LXIe kiven de l'Encyclopédie japonaise, et y désigne des variétés de mica comme M. Rémusat a traduit dans sa table. La figure représente du mica en feuilles, et le texte du Pen-tsao distingue, à cause de leur couleur, l'espèce dite pierre aux étoiles d'or, et l'espèce dite pierre aux étoiles d'argent. Toutes deux se tirent principalement de *Hao-tcheou* (*Ho-nan*) et de *Pien-tcheou* (*Kiang-nan*).

Les caractères de la troisième étiquette *Tsing-mong-chi*, se lisent à la page 26, kiven LXI de l'Encyclopédie japonaise. La figure représente deux sortes de plaques parsemées de petits ronds. Le texte du Pen-tsao distingue l'espèce verte et l'espèce blanche. Il dit que si l'on prend celle qui est vert-noirâtre et qu'on la frappe, on trouve à l'intérieur des taches blanches comme des étoiles. M. Rémusat a écrit *Serpentine* pour le titre de cet article, qui paraît correspondre à un mica noirâtre.

Le sixième échantillon a été reconnu pour un mica laminaire, un peu nacré et tranparent. Il est joint à l'étiquette *Yun-mou*, littéralement, mère de nuages, et ce même nom se lit à la page 54 du livre VIII du *Pen-tsao*, et à la page 6 du LXe livre de l'Encyclopédie japonaise. Vandermonde a traduit ce nom par *talc* dans son extrait du Pen-tsao. La table de M. Rémusat porte *nacre de perle*. Il me paraîtrait que cette dernière interprétation doit être corrigée.

La figure de l'Encyclopédie à l'article *Yun-mou* représente assez mal la structure feuilletée du talc ou du mica. Une indication jointe aux figures, apprend que l'une des espèces représentées se trouve dans un district du Japon, le *Kiang-tcheou*, et l'autre

dans le district d'*Yen-tcheou* du *Chan-tong*. En gé-
néral, d'après le texte du Pen-tsao, cette mère de
nuages se rencontre parmi les pierres des montagnes ; on l'employe à faire des paravents ou
plutôt des écrans portés sur un pied. Il s'en trouve
de diverses couleurs, et ces couleurs ne se voient
bien qu'en tournant les morceaux vers le soleil : car
elles ne paraissent pas à l'ombre. Évidemment c'est
de ces couleurs changeantes qu'est venu le nom sin-
gulier de mère de nuages. L'emploi de ces *Yun-mou*
dans la médecine chinoise est spécialement men-
tionné par le texte qui annonce aussi que les Chinois s'en servent pour empêcher les corps enterrés
de se corrompre.

L'emploi du mica et du talc pour faire des vitres
de fenêtres et des lanternes est noté par Vandermonde, comme par d'autres Européens qui ont
visité le midi de la Chine.

Une boîte renferme du talc argentin pulvérulent
avec l'étiquette *Yun-fen*, écrite en caractères romains ; elle signifie probablement *poudre de nuages*.
Une note dit qu'on se sert de ce minerai pour ar-
genter. Une autre boîte contient du mica laminaire
bronzé avec l'étiquette *Xi-zhing*.

Il y a deux échantillons de schiste coticule ou
pierre à aiguiser. L'un est verdâtre : l'étiquette a les
trois caractères *Tsing-chy-py*, ce qui signifie pierre
bleuâtre. L'autre, également de couleur verdâtre,
est taillée. Il a l'étiquette *Tchi-chy*, pierre à aiguiser.
Ce nom se lit page 28 *v.* du livre LXI, *Encyclopédie*

japonaise, et est accompagné d'un assez long article. La figure représente des pierres taillées carrément avec deux faces planes. Le texte parle des diverses espèces bonnes pour aiguiser les couteaux et pour polir, étant réduites en poudre. M. Rémusat avait bien traduit : pierre à aiguiser.

Il y a cinq échantillons de stalactites. Tous ont pour étiquette *Chy-tchoung-sju*, goutte en forme de cloche pierreuse; ce nom est le sujet d'un assez long article pag. 12, liv. LXI, *Encyclopédie japonaise*. Les Chinois attribuent des vertus médicales singulières aux stalactites. Un autre échantillon a pour étiquette *Tsing-tsuen-chy*, pierre de source de puits, nom qui se lit page 10 *v.* livre LXI, *Encyclopédie japonaise*, à l'article *Lou-kan-chi*, calamine. Le texte dit que cette pierre est tendre à l'extérieur, et disposée par couches superficielles, mais qu'elle est dure à l'intérieur. L'échantillon qui a l'étiquette *Tsing-tsuen-chy*, est un calcaire concrétionné fibreux ou une arragonite. Un autre échantillon, identique avec le précédent, a pour étiquette *Choui-tchong-pe-chy*, pierre blanche qui se trouve dans l'eau. Ce nom se lit page 28, liv. LXI, *Encyclopédie japonaise*.

Il y a trois échantillons de chaux sulfatée. Le premier échantillon est un gypse sélénite, lamellaire, limpide. Il a pour étiquette *Pe-ky-chy*, pierre de chair blanche.

L'échantillon suivant est un gypse en petits cristaux gris, et opaque. Il a pour étiquette *Huen-tsing-chy*, pierre mince et noirâtre; nom qui se lit à la page 31, livre LXI, *Encyclopédie japonaise*, et qui correspond dans cet article, comme on l'a vu, à des bérils ou à des grammatites. Ou il y a eu erreur dans l'étiquette, ou ce nom désigne en Chine diverses espèces minérales à structure plus ou moins feuilletée.

Le troisième échantillon est un gypse fibreux. Il a pour étiquette *Chy-kao*, graisse de pierre; nom qui se lit page 6 *v.* livre LXI, *Encyclopédie japonaise*. Le texte du Pen-tsao distingue deux espèces, l'une dure, l'autre tendre. L'espèce tendre se trouve dans les montagnes, en tablettes superposées; et telle est la figure représentée par l'Encyclopédie japonaise. Le texte du Pen-tsao dit que ce *Chy-kao* tendre est très-friable, qu'il présente souvent des raies fines comme de la soie blanche.

Il y a neuf échantillons qui se rapportent à l'espèce fer.

Le premier échantillon est l'oxyde de fer magnétique ou aimant. Il a pour étiquette *Tseu-chy*, pierre d'aimant, et ce nom se lit page 19, liv. LXI, *Encyclopédie japonaise*. Par inadvertance, M. Rémusat a traduit *ammonite*; il a été probablement trompé par la figure qui représente une masse pierreuse hérissée de petites pointes. M. Klaproth a relevé cette erreur dans son Mémoire sur la boussole. Au nom de *Tseu-chy* se trouve joint celui de *Y-tie-chy*, pierre qui attire le fer; et dans le texte du Pen-tsao on lit que cette pierre attire le fer; qu'une aiguille de fer, frottée avec cette pierre, marque le midi, mais non le midi exact, car elle dévie toujours à l'orient. On sait que les Chinois observent la pointe de l'aiguille aimantée du côté du sud, tandis que les Européens observent la pointe qui regarde le nord.

L'échantillon suivant est du fer peroxydé ou colcothar. Il a pour étiquette *Chin-tan*, littéralement, rouge d'esprit céleste.

Un troisième échantillon est du fer oligiste oolithique; il a pour étiquette *Tching-to-ta-chy*.

Un quatrième échantillon est du fer oligiste terreux. Il a pour étiquette *Tai-tche-chy*, pierre qui ressemble à une autre. Cette dénomination se lit à la pag. 20 *v*. liv. LXI, *Encyclopédie japonaise*. On lit aussi à cet article les noms de rouge de terre, rouge de fer. M. Rémusat a écrit dans sa table : argile colorée en rouge, ocre.

Le cinquième échantillon a paru un fer oligiste compact et comme concrétionné. L'étiquette porte *Ting-teou-tchi-chy*, pierre rouge, tête de clou.

Le sixième échantillon est du fer limonite, provenant de la décomposition des pyrites. L'étiquette porte *Che-han-chy* en caractères romains. A la page 11 *v*. du liv. LXI de l'Encyclopédie, on lit un nom qui se rapporte peut-être au précédent. L'article est intitulé *Che-tchy*, littér. branches et serpent. Une note dit : cette matière est semblable aux branches et à l'écorce d'un arbre, et aussi comme les écailles d'un serpent. La figure représente des agglomérations cylindriques formées d'éléments décomposés. Cette représentation se rapporte vraisemblablement au fer sulfuré concrétionné qui se trouve sous forme de concrétions ou de stalactites, cylindriques, globuleuses; la surface de ces concrétions est souvent écailleuse (*Minéralogie* de Brongniart, vol. II, page 152).

L'échantillon suivant est du fer limonite œthite, autrement pierre d'aigle. L'étiquette porte *Yo-ho-ky*, sans caractères chinois.

Deux échantillons, identiques entre eux et avec le précédent, ont pour étiquettes *Yu-yu-liang*, gâteau du repas d'*Yu*, et *Yu-liang-chy*, pierre gâteau d'*Yu*. Ces mêmes dénominations se lisent à la page 21 v. du LXIe livre, *Encyclopédie japonaise*.

La figure représente une masse brisée par le milieu, d'où s'échappe une sorte de terre. Selon le texte du Pen-tsao, *Yu* étant arrivé près d'une montagne où se trouve actuellement cette pierre, jeta dans une rivière les restes de son repas, et ces restes se convertirent en une matière minérale. Telle est l'origine du nom de cette pierre qui renferme à l'intérieur une sorte de farine jaune. On sait que les morceaux de fer œthite sont souvent creux par une désagrégation de leurs couches intérieures. Ainsi le Pen-tsao parle bien ici de fer œthite ou pierre d'aigle.

Ces pierres assez singulières étaient regardées avec une sorte de vénération par l'antiquité grecque, qui leur attribuait beaucoup de vertus médicales. Les Chinois considèrent aussi l'*Yu-yu-liang* comme un médicament excellent pour rétablir et augmenter les forces. M. Rémusat a écrit : sorte de pierre jaune, à l'article *Yu-yu-liang ;* il faut lire : fer œthite.

Le huitième échantillon est une pyrite cubique, altérée seulement à sa surface. Il a pour étiquette *Chi-tchong-hoang*, jaune d'intérieur de pierre.

Selon le Pen-tsao, cité à l'article précédent, l'*Yu-yu-liang*, proprement dit, est la poudre humide qu'on extrait du milieu des pierres d'aigle. Quand cette poudre est sèche, elle reçoit le nom de *Chi-tchong-hoang*, jaune d'intérieur de pierre, et est moins estimée, comme médicament, que la première.

Le neuvième échantillon est un fer ocreux pulvérulent avec l'étiquette *Nieou-hoang*, jaune de bœuf ou bézoard; dénomination fondée sur une ressemblance de forme.

Il y a deux échantillons d'oxyde d'arsenic. L'un est de l'arsenic blanc avec l'étiquette *Pe-yu-chy*, et *Pe-py-chy*, nom de l'oxyde d'arsenic, qui se lit page 24, liv. LXI, *Encyclopédie japonaise*. L'autre est un oxyde sublimé impur d'arsenic. Il porte l'étiquette *Py-chy*, littéralement, pierre d'arsenic rouge. Ce nom se lit à la même page de l'Encyclopédie japonaise.

Il y a un échantillon de cuivre azuré dur. L'étiquette porte *Pien-tsing*, sans caractère chinois. Ce nom se lit page 23, liv. LXI de l'Encyclopédie japonaise. *Tsing* signifie bleu verdâtre; *Pien* signifie mince ou amincie. La figure représente des plaques peu épaisses. Au titre du même article, on lit aussi *Chi-tsing*, bleu de pierre; *ta-sing*, grand bleu. Vandermonde, dans son extrait du Pen-tsao, a traduit : faux bleu. Le texte du Pen-tsao dit que ce *Pien-tsing* est employé dans la peinture, et lui attribue diverses vertus médicales. M. Rémusat avait écrit dans sa table : sorte de pierre.

Il y a un échantillon de manganèse hydraté. L'étiquette porte *Wou-ming-y*, ce qui signifie, littéralement, divers objets sans nom. Cette dénomination singulière se lit à la page 1 1, livre LXI de l'Encyclopédie japonaise. Le texte du Pen-tsao, rapporte que cette pierre *Wou-ming-y*, se trouve en grande quantité dans les provinces de *Kouang-tong*, *Kouang-sy* et *Ssetchuen*, que sa couleur est noire, et qu'elle ressemble au bézoard de serpent. Il lui attribue diverses propriétés médicales, spécialement pour les meurtrissures. M. Rémusat, dans sa table, à l'article *Wou-ming-y*, a écrit : pierre d'aigle; il y a erreur évidente.

Il y a cinq échantillons de sulfure d'arsenic. L'un est un morceau d'orpiment. Il a pour étiquette *Chi-hoang*, jaune de pierre. Ce nom se lit en petits caractères page 5 *v.* livre LXI de l'Encyclopédie japonaise, à l'article *Hiong-hoang*, soufre mâle, qui est l'orpiment, comme M. Rémusat l'a traduit. Deux autres échantillons sont des morceaux de réalgar enduits d'orpiment. Ils ont pour étiquette *Hiong-hoang* et *Chi-hiong-hoang*, jaune mâle, jaune mâle de pierre, comme à l'article de la page 5 *v.* liv. LXI de l'Encyclopédie. Le Pen-tsao dit que le *Chi-hiong-hoang* est moins parfait que l'*Hiong-hoang*, qu'il est d'un jaune plus pâle. En effet, l'échantillon qui a pour étiquette *Hiong-hoang*, est d'un plus beau jaune

que l'autre. Ces sulfures sont fort usités dans la médecine chinoise.

Le quatrième échantillon est un orpiment laminaire. Il a pour étiquette *Tse-hoang*, jaune femelle.
Ce nóm se lit page 6, livre LXI de l'Encyclopédie
japonaise.

Le cinquième échantillon est une agglomération
de réalgar et d'orpiment dans du calcaire spathique.
Il a pour étiquette *Tchu-ya-chy*, pierre dent de renard.
Je n'ai trouvé ce nom ni dans le Pen-tsao, ni dans
l'Encyclopédie japonaise. D'après le Pen-tsao, les
orpiments et les réalgars se tirent ordinairement des
monts *Chi-men*, porte de pierre; mais les meilleurs
viennent du pays de *Vou-tou* à l'occident du *Leung-
tcheou*. On trouve aussi, dans le texte, des traces
anciennes de la croyance populaire qui a fait souvent
prendre ces sulfures pour du minerai d'or, mais
elle est réfutée par les auteurs récents.

Il y a deux échantillons de calamine. Tous deux
ont pour étiquette *Lou-kan-chy*, pierre de fond de
four. L'article, page 10, livre LXI de l'Encyclopédie
japonaise, a ces trois caractères pour titre. Un de ces
échantillons provient du *Sse-tchuen*, suivant l'étiquette; l'autre provient du *Kouang-sy*. Tous deux
sont de la calamine blanche; le second est un peu
farineux. Le texte du Pen-tsao indique qu'on fait un
alliage de ce minéral avec le cuivre. J'en ai donné
un extrait dans une notice imprimée en 1835 dans
ce Journal.

Un échantillon de sulfate de fer porte l'étiquette

Tsing-fan ou vitriol bleu-verdâtre. Ce nom se lit en petits caractères à l'article du *Lou-fan*, vitriol vert (*Encyclopédie japonaise*, liv. LXI, p. 37 *v.*). Un autre échantillon est un sulfate de fer pulvérulent altéré. Il a pour étiquette *Lou-fan*, vitriol vert, titre principal de l'article que je viens de citer.

Un échantillon est du sulfate bleu de cuivre. Il a pour étiquette *Tan-fan*, vitriol bleu. Ce nom est le titre d'un article (*Encyclopédie japonaise*, page 23 *v.* liv. LXI.)

Un échantillon de carbonate vert de cuivre a pour étiquette *Lou-tsing-chi*, pierre bleu-verdâtre. Ce nom est le titre d'un article (*Encyclopédie japonaise*, page 22 *v.* liv. LXI). Le texte du Pen-tsao dit que cette pierre se trouve dans les mines de cuivre.

Un échantillon est de l'alun rougeâtre. Il a pour étiquette *Hong-fan*, alun ou vitriol rougeâtre. C'est une variété d'alun coloré par l'oxyde de fer.

L'étiquette *Pong-cha* est jointe à un morceau de borax. *Pong-cha* est, comme on le sait, le nom chinois du borax; c'est le titre de l'article page 34, liv. LXI de l'Encyclopédie japonaise. Le texte du Pen-tsao dit que le *Pong-cha* se trouve dans le *Hou-kouang*.

Il y a un échantillon de spath fluor violet avec l'étiquette *Tse-chy-yng*, substance de pierre bleuâtre. Ce nom est le titre de l'article page 7, livre LX de l'Encyclopédie japonaise. Nous avons déjà vu ce nom donné à un *quartz hyalin enfumé*. Le texte du Pen-tsao indique simplement la couleur bleue de cette pierre. Un autre échantillon est un spath fluor verdâtre, avec l'étiquette *Lou-fou-chy*, pierre fusible verte.

Il y a une cornaline concrétionnée, enveloppée de balamites ou autres coquilles microscopiques. Elle a pour étiquette *Chi-nao*, cervelle de pierre. Ce nom est le titre d'un article page 13 *v.* liv. LXI de l'Encyclopédie japonaise. Le texte du Pen-tsao attribue à cette pierre la vertu de prolonger la vie.

Un autre échantillon est une cornaline concrétioniforme. Il a pour étiquette *Feou-chy*, pierre surnageante. Ce nom est le titre d'un article pag. 16 *v.* liv. LXI de l'Encyclopédie. Le texte du Pen-tsao dit que cette pierre nage sur l'eau, et indique évidemment la pierre ponce, comme l'a traduit M. Rémusat. La figure représente aussi des pierres poreuses; probablement l'étiquette a été mal placée.

Un bocal renferme des térébratules fossiles. L'étiquette porte *Chy-yen*, hirondelle de pierre ou pétrifiée. Ce même nom est le titre d'un article p. 29, l. LXI, Encyclopédie japonaise. La figure représente des coquilles à valves ouvertes et identiques avec les échantillons. La forme de ces coquilles ressemble un peu à celle de deux ailes déployées, et de là leur vient leur nom d'hirondelles de pierre. Le texte du Pen-tsao dit que cette pierre se trouve dans le district d'*Young-tcheou* qui fait partie du *Houkouang*. M. Rémusat a été exact en écrivant dans sa table, plicatule fossile. Le texte dit, en outre, que ce même nom d'hirondelle de pierre se donne aussi aux oiseaux qui habitent dans les cavernes.

Un échantillon intitulé *Pe-tsing*, bleu-blanc, est un émail bleu de cobalt (artificiel). Un autre est un sulfure verdâtre qui paraît fondu. Son étiquette porte *Chi-leou-tsing*, vert bleuâtre de soufre. Un autre sulfure verdâtre a pour étiquette *Tchy-lou-chy*, pierre de soufre rouge. Un bocal renferme des *lapilli pisairs* avec l'étiquette *Tou-yn-nie*. Un autre contient du sable quartzeux avec l'étiquette *Ho-cha*, sable de rivière. Un troisième contient de la céruse avec l'étiquette *Yân-kouang-chy*, pierre brillante de plomb. Un quatrième renferme de la litharge altérée avec l'étiquette *mi-tho-seng*, nom étranger de la litharge, lequel est le titre d'un article p. 8, liv. LIX de l'Encyclopédie japonaise. Le texte du Pen-tsao dit que cette substance vient du pays de *Po-sse*, la Perse. Un dernier bocal renferme des pyrites avec l'étiquette *Fang-chy*, pierres cubiques. Dans un mémoire précédent sur divers procédés industriels des Chinois (*Nouveau Journal asiatique*, deuxième série, 1835), j'ai extrait du *Tien-kong-kai-we* et de l'Encyclopédie japonaise divers détails sur la fabrication de la céruse, de la litharge et des aluns; je ne reviendrai donc pas ici sur ce sujet.

Il y a ainsi en tout soixante et quinze échantillons ou espèces examinés.

A l'aide de ces déterminations, les personnes qui voudront s'occuper de la minéralogie chinoise pourront aisément corriger les erreurs accidentelles qui se sont glissées dans la table de M. Rémusat, et seront ainsi mieux guidées dans la lecture des divers articles compris aux livres des minéraux du Pen-tsao et de l'Encyclopédie japonaise. Sans aucun doute, on peut extraire encore quelques détails curieux de ces livres ou de l'Encyclopédie pratique intitulée *Tien-kong-kai-we*. Mais je ne crois pas qu'une traduction complète de ces livres fût bien utile dans l'état actuel des sciences en Europe. Le mémoire de M. Rémusat sur le Pen-tsao et autres traités chinois d'histoire naturelle montre qu'en Chine les sciences naturelles sont restées à l'état rudimentaire ainsi que les sciences mathématiques; et comme étude réellement utile, on ne doit y chercher que des faits isolés. La comparaison des préjugés chinois avec ceux d'Aristote, de Pline et autres naturalistes de notre antiquité européenne, me paraît simplement une étude curieuse.

En me bornant ici à la minéralogie, je rappellerai que les Chinois divisent les minéraux en trois classes, savoir : les métaux, les pierres précieuses, et les pierres de diverses espèces. Parmi ces dernières une subdivision est faite pour les sels dans le Pen-tsao ; elle comprend le sel commun et les sels vitrioliques ou *fan*. Ces mêmes sels sont placés à la fin du livre des pierres de diverses espèces, dans l'Encyclopédie japonaise. Ce classement, si on peut appeler ainsi cet arrangement, est tel qu'il se ferait dans la boutique d'un marchand; il est tout à fait commercial.

J'avais d'abord eu dessein de joindre à ce mémoire un essai de distribution des principales espèces minérales sur la surface de la Chine, en m'aidant des ouvrages chinois. Mais j'ai reconnu que ce travail avait déjà été fait à peu près aussi bien qu'il peut l'être actuellement. Le P. Martini, dans son *Atlas sinensis* presque calqué sur l'abrégé de géographie chinoise intitulé *Kouang-yu-ky*, a donné l'indication des principaux gîtes métallifères en Chine, et pour aller plus loin il faudrait être plus éclairé sur les diverses dénominations du Pen-tsao. Il faut donc attendre les envois qu'a promis M. Callery, et les observations de ce zélé missionnaire ne peuvent manquer, à ce titre comme à tant d'autres, d'exciter le plus haut intérêt.

IMPRIMERIE ROYALE. — 1839.

www.ingramcontent.com/pod-product-compliance
Lightning Source LLC
LaVergne TN
LVHW020634180726
843502LV00006B/2037